青少年心理深呼吸丛书

焦虑，一边儿去（修订本）

JIAOLÜ YIBIANR QU

张晓舟 著

王珏菲 绘

四川大学出版社

责任编辑：邱小平
责任校对：成 杰
封面绘画：大卫·凯力力
封面设计：青于蓝
责任印制：王 炜

图书在版编目(CIP)数据

焦虑，一边儿去 / 张晓舟著；王珏菲绘. —修订本. —成都：四川大学出版社，2018.6
(青少年心理深呼吸丛书)
ISBN 978-7-5690-2029-8

Ⅰ.①焦… Ⅱ.①张… ②王… Ⅲ.①焦虑-心理卫生-青少年读物 Ⅳ.①B844.2-49

中国版本图书馆 CIP 数据核字（2018）第 148180 号

书名	焦虑，一边儿去（修订本）
著 者	张晓舟
绘 画	王珏菲
出 版	四川大学出版社
地 址	成都市一环路南一段24号 (610065)
发 行	四川大学出版社
书 号	ISBN 978－7－5690－2029－8
印 刷	郫县犀浦印刷厂
成品尺寸	145 mm×210 mm
印 张	3.5
字 数	97 千字
版 次	2018 年 10 月第 2 版
印 次	2022 年 1 月第 3 次印刷
定 价	19.80 元

◆读者邮购本书，请与本社发行科联系。
电话:(028)85408408/(028)85401670/
(028)85408023 邮政编码:610065
◆本社图书如有印装质量问题，请寄回出版社调换。
◆网址:http://press.scu.edu.cn

■版权所有◆侵权必究■

写在前面的话

青少年时期是人生成长的关键时期。青少年面临巨大的学习压力，不仅需要全面学习知识、提升认识、增强能力、丰富经验，而且需要突破自我，在自我否定中发展自我；有时还不得不面对父母、老师规划的路线与自我需求之间的矛盾冲突。心理学家据此把青少年成长期称为挣扎期。这一时期青少年出现较多心理困扰和心理问题是难免的。但这些心理困扰和心理问题多为情境性和一时性的，是其成长过程中知识、经验、能力、精力不足和外部环境压力太大所致，这些心理困扰可以通过辅导和自学有关知识得以解决。学习自我解决心理困扰，也是青少年成长的一个重要方面。

现在越来越多的心理学自助读物和心理辅导读物面世，这对处于挣扎期的广大青少年是一个福音。但是现在青少年学习压力大、时间少，亟须更简略、更生动形象地讲解心理学基本知识的读物。我们希望这套《青少年心理深呼吸丛书》可让大家轻松愉快地了解心理学的实用知识。

从心理学角度看，做深呼吸可以帮助我们遇事冷静下来，从而更客观地评估情境，更好地选择处理问题的方式。从时间上来说，做深呼吸为我们的瞬时反应争取了时间，我们可以更从容地组织自己的资源。我们希望这套漫画丛书让青少年朋友面对问题时做做心理"深呼吸"，从容应对。

在书中我们比较强调通过调动自我内心资源来解决心理困惑和成长中的烦恼，希望大家多问问自己"我到底要什么"来审视自己内心的真正需要，强调通过改变价值追求、思维模式、生活态度，尝试新的应对模式来消除自己的心理困惑。

我们希望青少年朋友用书中介绍的方法来改变自己的心态，学会在更广阔的背景中，更长远的发展阶段中来认识自己，看待身边的事情，思考社会和生活，提升自己的心理素质。

《青少年心理深呼吸丛书》面世以来，多次重印，深受广大读者喜爱。我们借这次再版机会，对第一版的内容进行了少量修订；同时，将《解释，改变生活》书名更改为《谬见，一边儿去》，使本丛书在形式上更趋一致。希望再版后的《青少年心理深呼吸丛书》能给读者带来新的启迪和帮助！

本丛书再版封面得到了美国电气工程博士大卫·凯力力（Dr. Davood Khalili）的倾力相助。他曾著有绘本《波波力谈生活与科学》（*A Bird Named Boboli: Life and Science*），他的作品想象奇特，充满趣味。在此，我们向凯力力博士表示衷心的感谢！

张晓舟

2018年6月

目录

1 焦虑是日常生活中常见的一种心理现象
....1

2 青少年容易出现的焦虑
....18

3 焦虑产生的原因
....37

4 焦虑如何被消除或降低
....55

参考文献
....106

1 焦虑

只要好好地认识它，我们就可以一点一点地克服它。

焦虑是日常生活中常见的一种心理现象。

没关系的，不要太担心 ^_^

不用着急，这是人人都会有的情绪。

焦虑是对未来可能出现某些后果的担忧而产生的一种持续紧张、忧虑，甚至恐慌的心理状态。

我们每个人在面临人生中重要事情,担心发生对自己不利后果时,都会出现焦虑。

有控制局面的能力或有应对办法就不会焦虑。

古时候,最古老的诗:"断竹,续竹,飞土,逐肉。"

著名的田园诗人陶渊明有诗云:
种豆南山下,
草盛豆苗稀。
晨兴理荒秽,
带月荷锄归。

日常生活在我预期中,也在我掌控之中,我不焦虑。

导致焦虑的因素一般有四个:

↑　　　　↑　　　　↑　　　　↑
事关利害得失　未来可能发生　局面掌控程度较低　缺少应对办法

现代社会节奏快,要求高,风险大,压力大,竞争激烈,更容易将人们置于焦虑情景中。

要求高:

风险大:

压力大:

竞争激烈:

因此，有人说这是一个焦虑的时代，人人都有焦虑，或者都曾焦虑过。

就连小池塘里的青蛙也要焦虑了啊。（好吧，我开玩笑的。）

人人都有焦虑,或者都曾经焦虑过。

不管你是男生还是女生,是老人还是小孩,是学生还是老师,每个人有每个人的焦虑,这是不可避免的。

吃饭不香,睡觉不稳,做事浮想联翩,是非得失像走马灯一样转来转去。

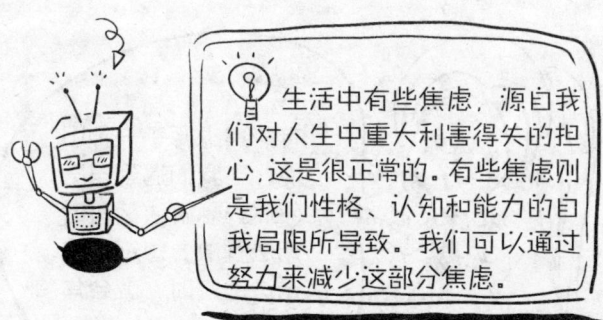

生活中有些焦虑，源自我们对人生中重大利害得失的担心，这是很正常的。有些焦虑则是我们性格、认知和能力的自我局限所导致。我们可以通过努力来减少这部分焦虑。

我们每个人在面临人生重要事情、重大事件，或者在等待这些情况明朗及过程结束时，都会焦虑。这是很正常的。

有些焦虑有时是我们面对应该解决的问题，内心深处害怕困难和不敢(不愿)去尝试解决困难的思想在作祟。

经历过焦虑的人都知道，焦虑让人或烦躁或痛苦或忧心忡忡。同时，也会给身边的人带来困扰。

焦虑还会破坏我们的心绪,让我们紧张,不知所措,干扰我们的思考,让我们无法安心地做一件事。

猫咪,你不要紧张,她不是在盯你,她只是无法集中精力,正在发呆罢了……

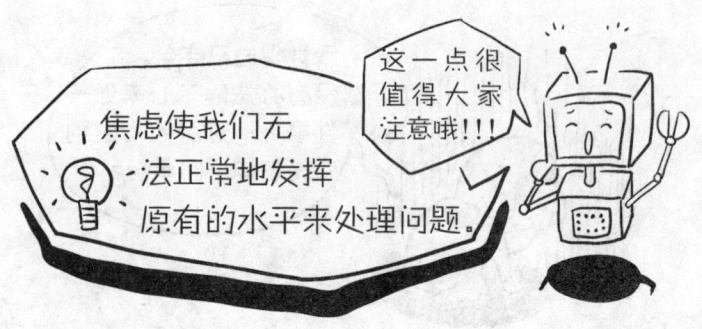

焦虑使我们无法正常地发挥原有的水平来处理问题。

这一点很值得大家注意哦!!!

下面这种尴尬的情况许多人都遇到过：

私底下背书的时候完全没有任何问题，倒背如流。

北风卷地白草折，胡天八月即飞雪。忽如一夜春风来，千树万树梨花开。散入珠帘湿罗幕，狐裘不暖锦衾薄。将军角弓不得控，都护铁衣冷难着。瀚海阑干百丈冰，

愁云惨淡万里凝……背书什么的对我来讲是再简单不过的小case，根本不需要担心。诶嘿嘿嘿嘿嘿，如果你不信我还可以倒过来再背一遍。

哼哼……花了很短的时间就记住了，我果然很厉害。

◁ 得意扬扬的样子

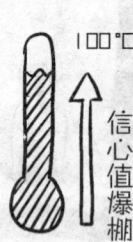

100℃

信心值爆棚

于是,新的一天来到了——第二天

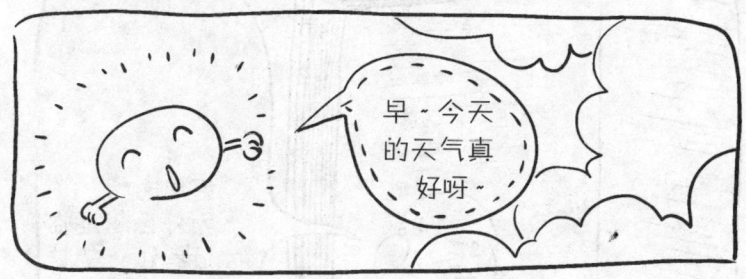

到了上课的时候,当面对着全班同学,背诵那段自己倒背如流的课文时,状况出现了:

结果,完全没有发挥出原有的正常水平……

严重的焦虑甚至可能使我们无法进入工作状态。比如,对考试成绩的焦虑应该通过认真复习来解决,但是焦虑反而让我们无法认真地复习。

维雷娜·卡斯特认为,焦虑会让人们丧失自信心,失去自主性,感到孱弱无助,陷入幼稚状态。

思考练习

请静静地闭上眼睛,深吸一口气,请你回想一下,你有过焦虑的情绪吗?请把你的焦虑描述出来。

2 青少年容易出现的焦虑

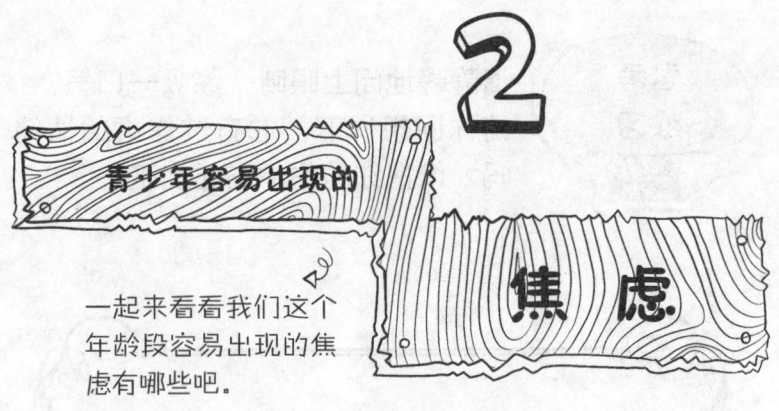

一起来看看我们这个年龄段容易出现的焦虑有哪些吧。

不同人群的焦虑是有差别的，青少年也有自己的焦虑。

焦虑一般分为具体的焦虑和泛化的焦虑。

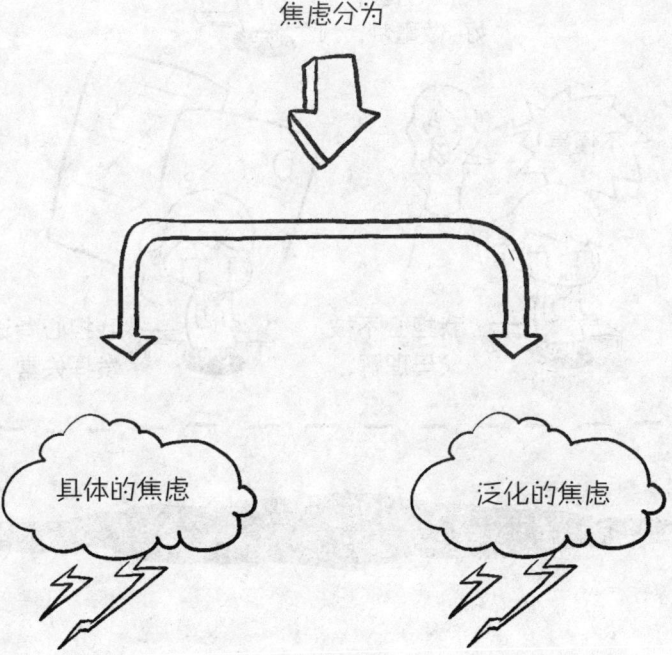

具体的焦虑是有具体原因和具体对象或明确指向的焦虑。

具体的焦虑表现如下：

泛化的焦虑是缺乏明确指向和具体目标的焦虑,它可能是长期各种焦虑堆积的结果,也可能是具体焦虑的扩散。

泛化的焦虑

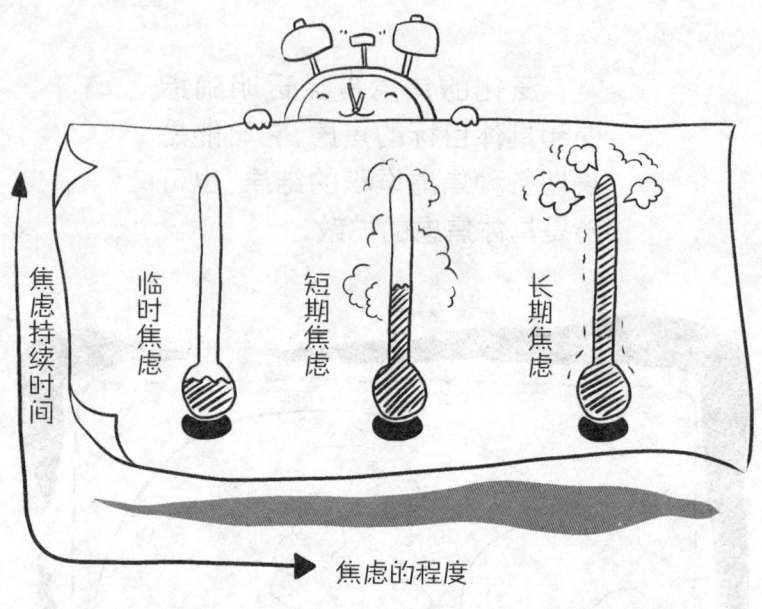

从焦虑持续时间看,有长期焦虑、短期焦虑和临时焦虑。

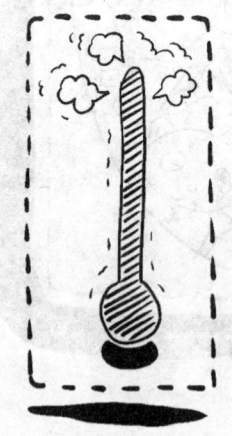

长期焦虑:

长期焦虑一般都是因为担心对自己有重大意义事情的结果而引起的。由于事情的重要性和解决问题的复杂性,常常引起较严重的焦虑,持续的时间也长。

对长期焦虑,常常是青少年自己凭个人经验、能力无法解决的,所以应该请教家长和老师,也可以和朋友商量解决。

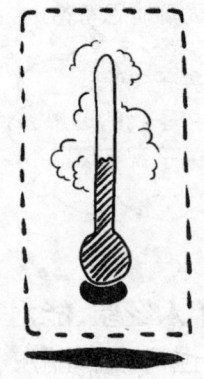

短期焦虑：

　　短期焦虑一般是对人生某一阶段的重要事件可能出现的后果的担忧。大家可以通过改变自己的思维方式，重新认识引起焦虑的事情，也可以努力提高应对能力来解决具体焦虑的问题。

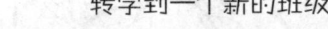

转学到一个新的班级

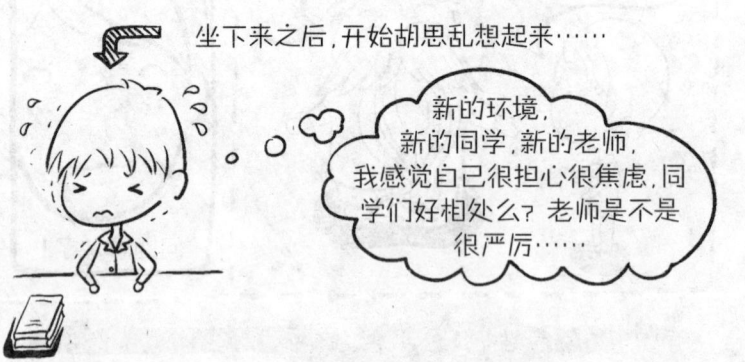

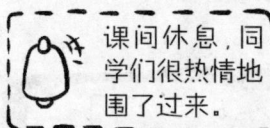
课间休息,同学们很热情地围了过来。

一开始因为很多不确定的因素,给自己假设了许多不好的预想,其实改变自己的思维方式,乐观一些,就会发现实际并没有那么多需要担心的事情。

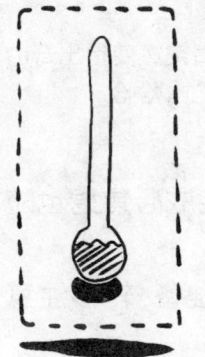

临时焦虑:

  临时焦虑是随情景变化暂时出现的焦虑,如出席集会时被要求发言而担心自己讲不好,考试前突然想起某单元没有复习好而担心,都是临时焦虑。

考试前:

快要考试了,可是还有好多需要复习的知识点。

无论怎样都没法安心看书,好抓狂好抓狂好抓狂……

考试后:

考试完毕!嗒哒~!

哎呀~心情突然变得出奇的好呀~啊哈哈哈哈~

　　导致临时焦虑的情景消失或任务完成后焦虑也随之消失了。
　　对付临时焦虑的措施有马上认真准备,转移注意力,或者深呼吸。

可能引起青少年焦虑的事情很多,一般来说,青少年的焦虑对象有以下几种:

成长的焦虑,学习的焦虑,社交的焦虑和对未来的焦虑。

成长焦虑方面:担心长胖,担心长不高。

学习焦虑方面：

担心理解不正确，担心记忆不好，担心考试失败，担心成绩不好。

社交焦虑方面：

担心老师对自己有意见，担心同学们不接受自己，担心被人议论，担心自己的言行得罪人，担心自己的应对不合时宜。

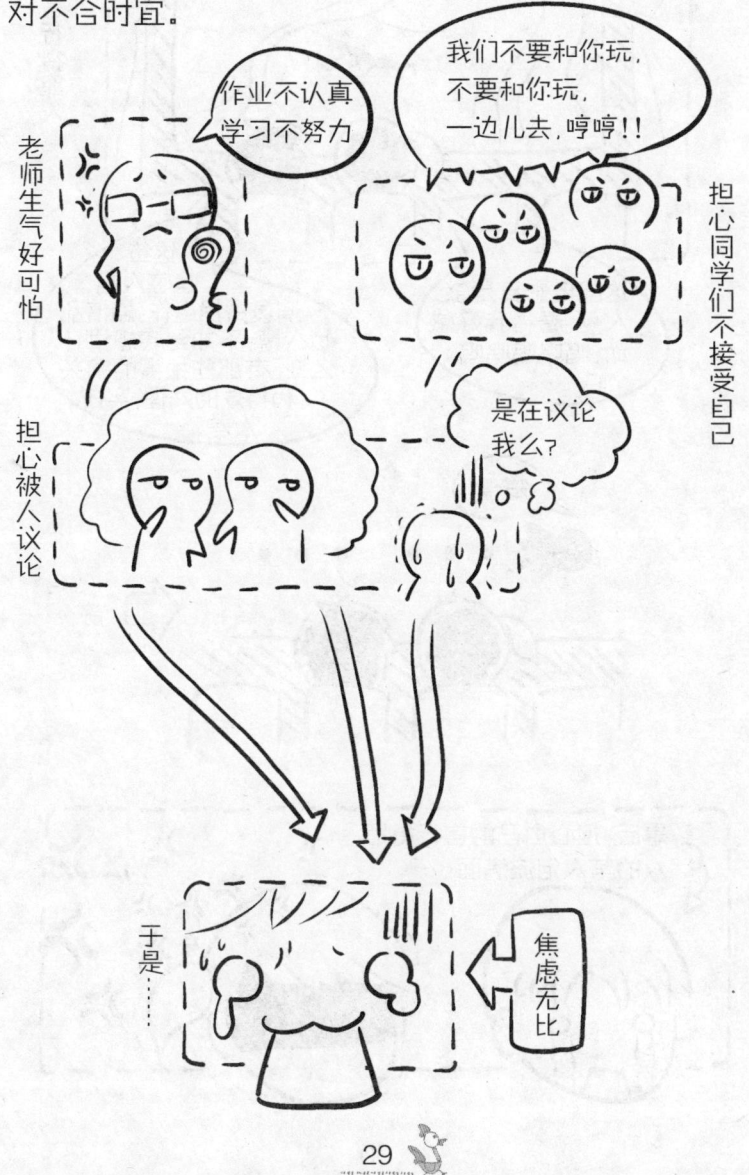

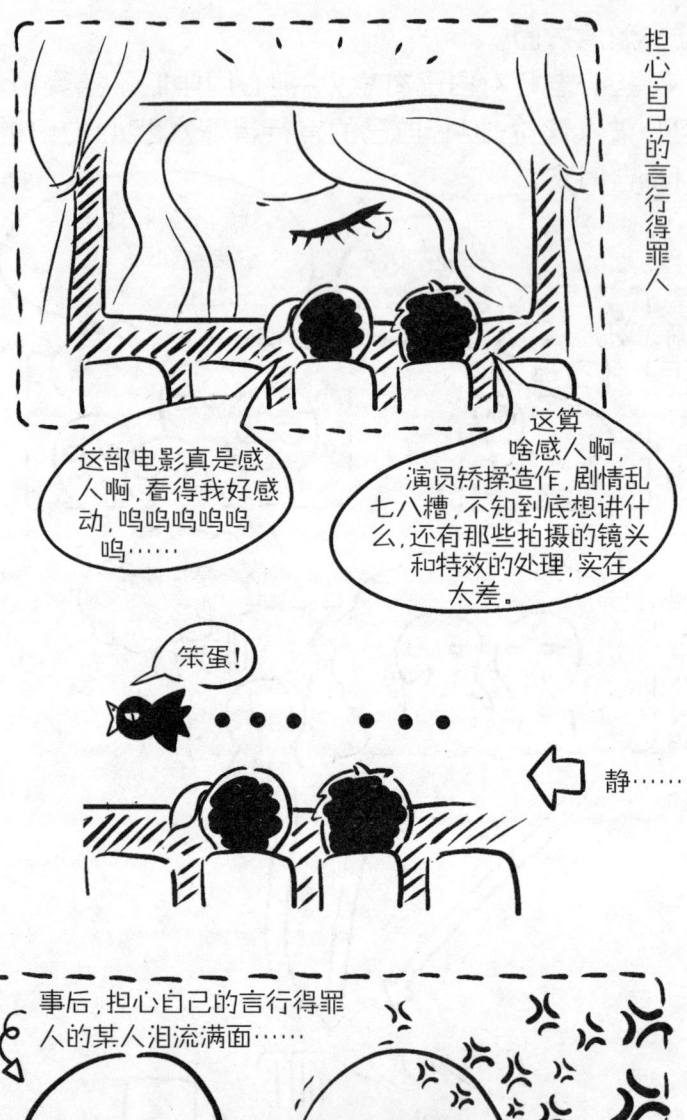

考试前,因担心考不好而焦虑,吃饭不香,睡不好觉。
考试成绩出来后,一种可能是焦虑消失,一种可能是继续焦虑。甚至可能因为担心影响到以后的就业,成为就业焦虑。

因为担心考试成绩,拒绝一切娱乐活动。

对未来的焦虑(对未来事件的焦虑)：

青少年对未来有很多美好的憧憬。但是看见激烈的竞争,对未来的不确定因素又会担忧,比如忧虑自己的前途,担心职业不理想。

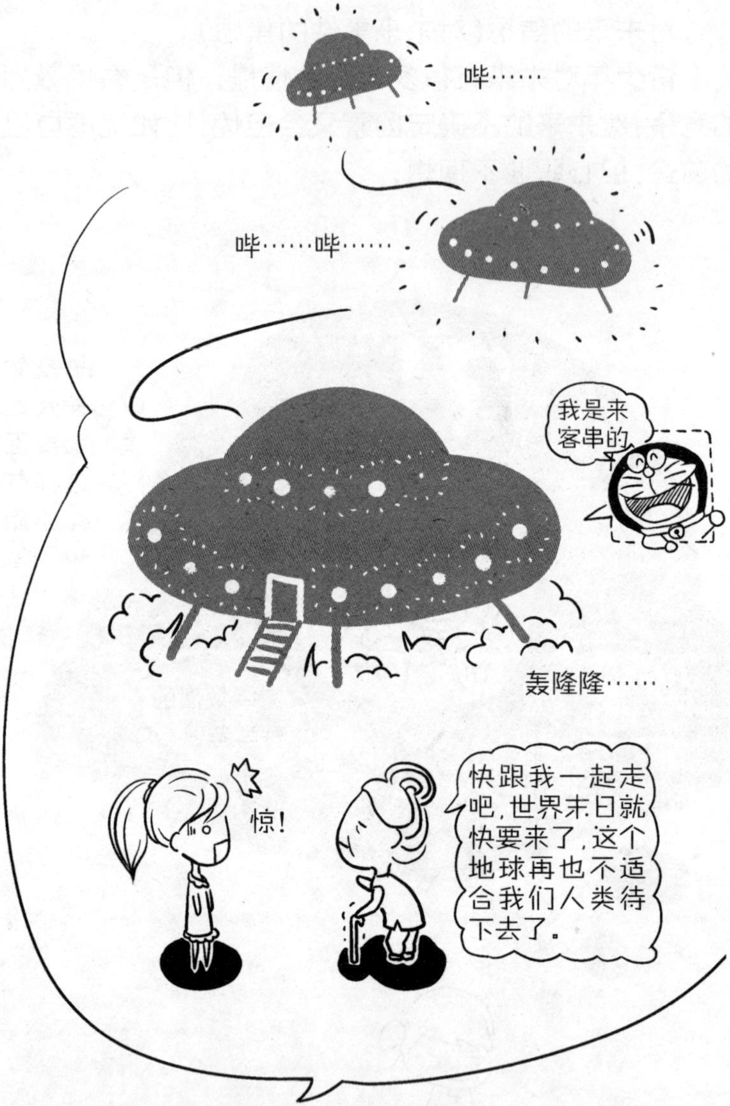

哔……

哔……哔……

我是来客串的

轰隆隆……

惊！

快跟我一起走吧，世界末日就快要来了，这个地球再也不适合我们人类待下去了。

甚至还会担心未来会出现世界末日。
呵呵,杞国无事忧天倾。

焦虑也是不断新旧交替变化的。旧的解决了，新的又冒出来了。

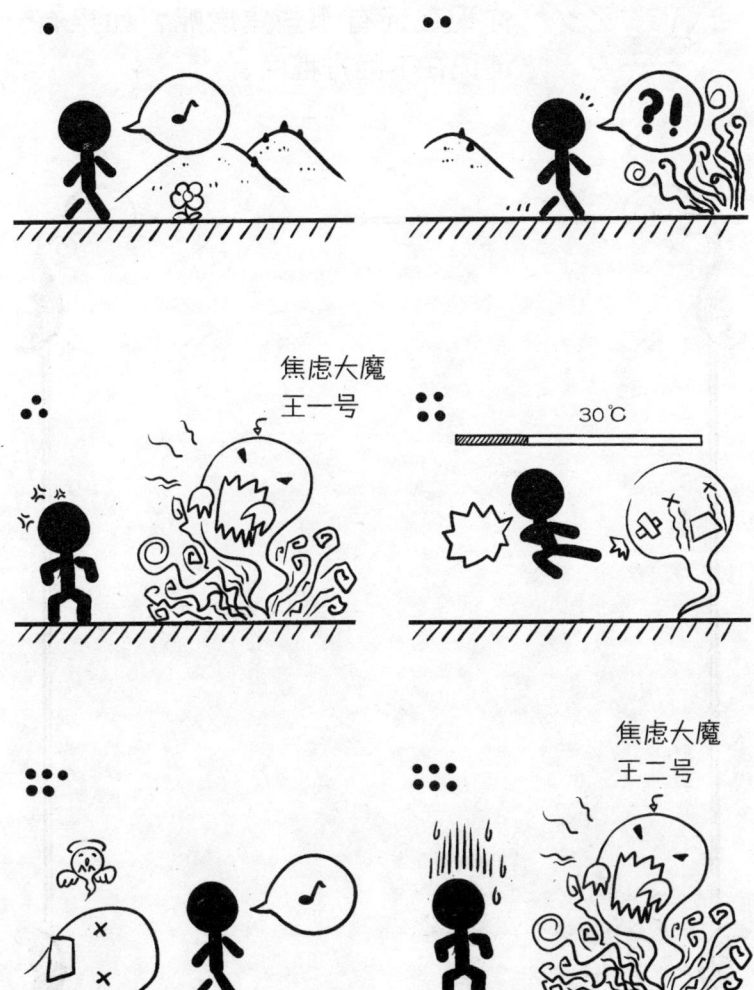

想想你究竟有过哪些方面的焦虑?
后来焦虑的事情发生了吗?
你现在还有哪些焦虑呢? 如果有,
请记在下面方框内。

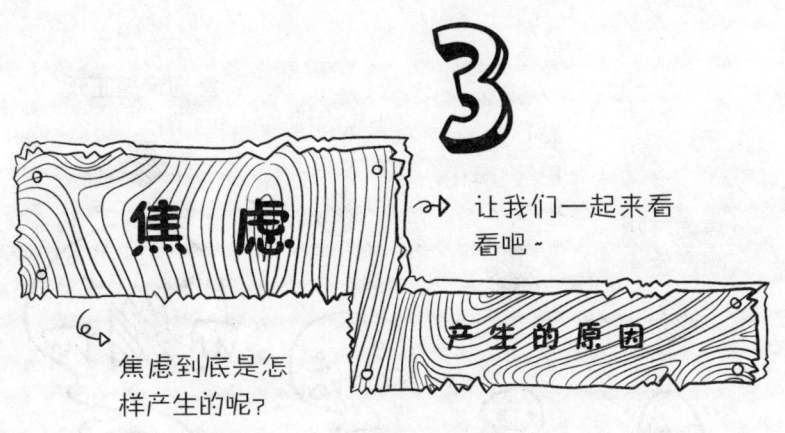

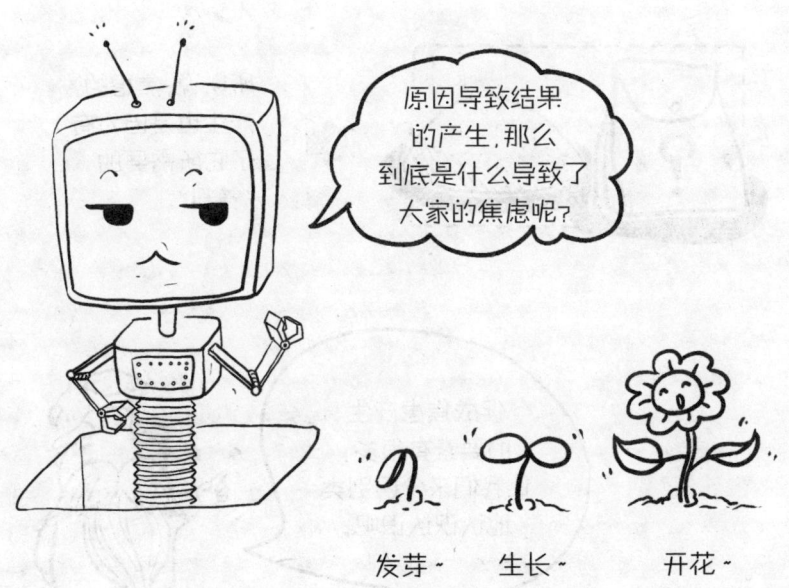

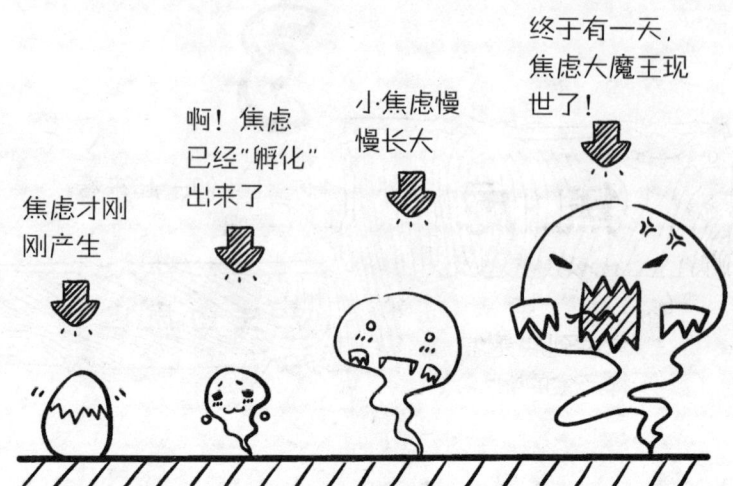

这是促成焦虑的"1号养料"：对具体问题的担忧。

现实中具体问题所导致的焦虑：

大部分青少年焦虑都是由现实中让我们困扰的具体问题引起的，或者是对具体的某些结果担忧引起的。

这是促成焦虑的"2号养料":对非现实问题的担忧。

对非现实问题的担忧引发的焦虑:

尽管我们生活中的某些事情是不会发生的,或发生的概率很小,但是因为对我们意义重大,我们也会焦虑。

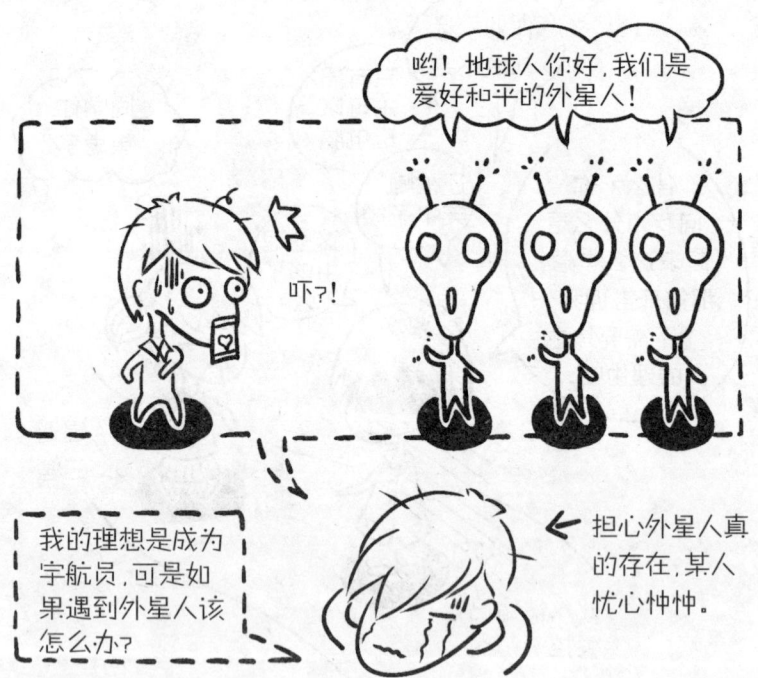

无论是对具体问题的担忧还是对非现实问题的担忧，其共同点都是在担忧中过分夸大危险或低估自身的应对资源（经验和能力），对事物过程没有把握，担心事物出现不理想的结果，这是引发焦虑的主要原因。

夸大危险一般和我们的不安全感、规则混乱和缺乏经验联系在一起。

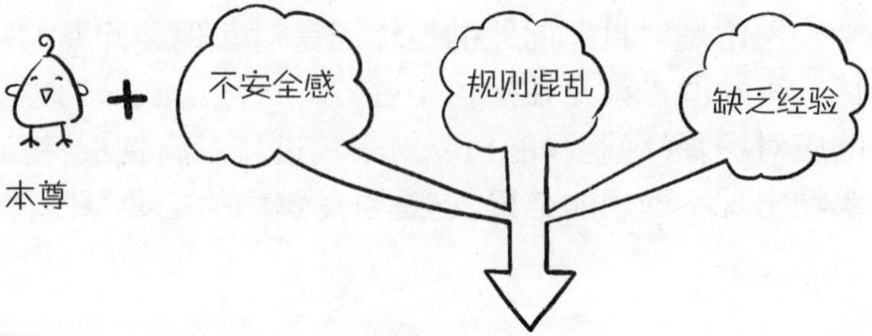

本尊 + 不安全感　规则混乱　缺乏经验

这是危险被夸大的幻象

这是可爱的本尊＝＝

如此惊人的差距啊……

叹为观止……

不安全感:
对被拒绝敏感,对处理事情没有把握,对周围世界缺乏安全感,缺乏自信。

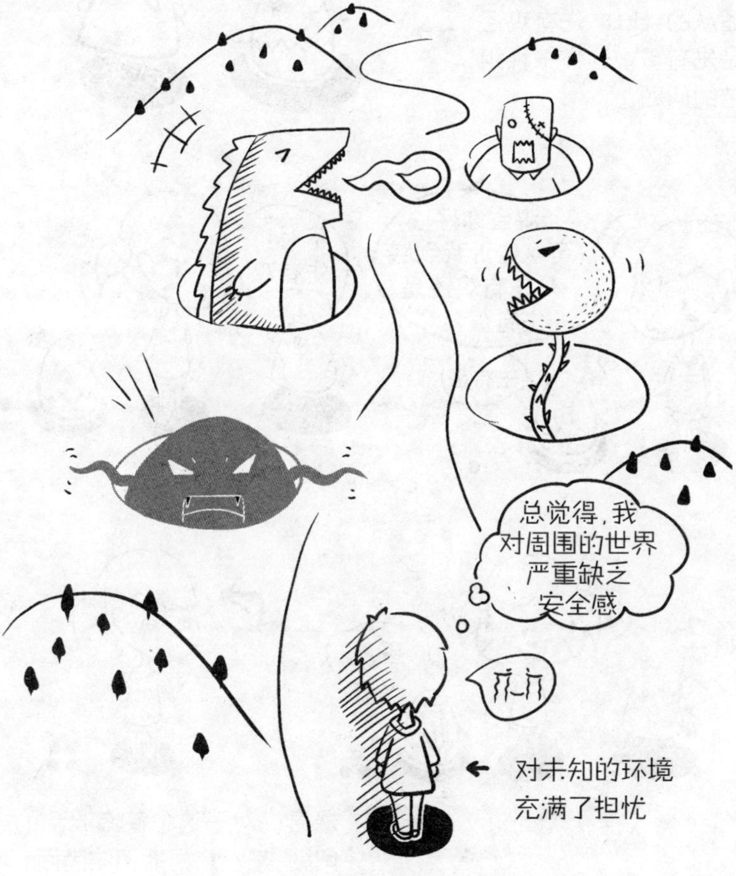

总觉得,我对周围的世界严重缺乏安全感

← 对未知的环境充满了担忧

规则混乱:
无所适从,不知所措。
导致后果无法预期或掌控。

有很多事都是让人无所适从的,比如"先有鸡还是先有蛋"这样一种纠结的问题。

最后,对于这个答案混乱的问题,某人焦虑地泪流满面。

低估自身的应对经验和能力的情况一般与我们负面的自我对话、面对的外在要求不一致、苛责的环境有关。

负面的自我对话往往使我们陷入焦虑情绪之中。

焦虑、烦躁不安……

苛责的环境往往很容易使我们低估自身的应对资源。

此人已进入疯魔状态,生人勿近,熟人也绕行吧。

所以,有时候他人过分频繁的严厉指责,会导致我们严重低估自身的应对资源,从而陷入焦虑中。

有时对某一结果自我期待的愿望过高（超出自己的能力）或对问题导致的结果没有把握也是焦虑的重要原因。

长辈们常告诫我们,现实和理想往往是有差距的,目的是让我们保持清醒的头脑和理性的判断。

现实和理想的差距,我们可以给一个形象的比喻：

理想中是这样

太渺小·

o~no~
help~

现实中是这样

?

只有客观地评价自我、评估现实,才能更好地通过努力实现理想。

例如,对某一结果自我期望过高:

惊恐后退

可见，对某一结果自我期望过高容易引发焦虑。

对处于学生阶段的我们来说，最容易期望过高的是制定过高的学习目标。其实，千里之行始于足下，只要每次都争取比上一次进步一小段，就算是成功了。

天秤座的小天使来讲解

如果用天平来做比喻就是"期望"的一边常常是重于"现实"一边的。我们的期望越是超越自己的能力，对于现实的结果就越可能焦虑。

现实

期望

完美主义是我们时不时出现的不自觉追求，当希望尽善尽美的愿望超过了自己的能力和掌控范围，就会出现担心结果的焦虑。

思考练习

请静静地闭上眼睛,深吸一口气,请仔细想想,你的焦虑是什么原因造成的呢?

想想你的焦虑是现实的吗?

你准备怎样处理你的焦虑呢?

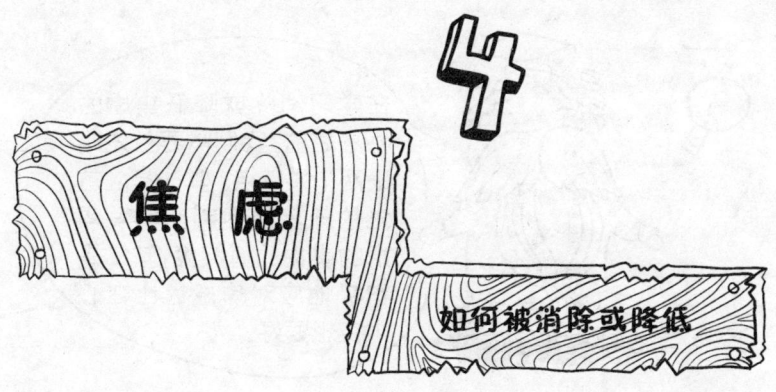

4 焦虑

如何被消除或降低

在学习消除或降低焦虑的办法之前,我们需要首先明确两个关键点。其一是应首先快速客观地判断引发焦虑的事物的真实性;其二是积极地应对焦虑远比在心中空想要好。

尽量区分自己所担心的事情是事实还是想象。

焦虑大魔王

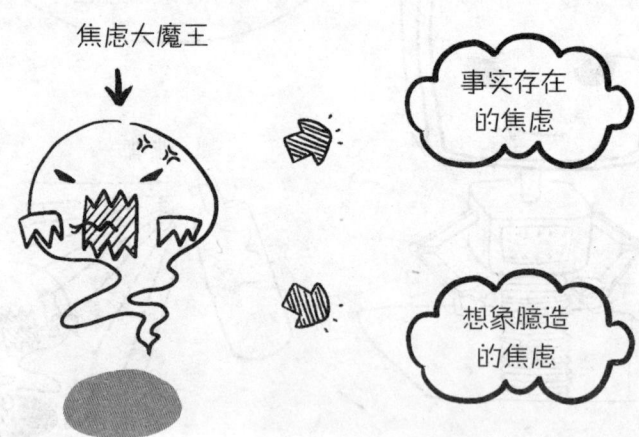

事实存在的焦虑

想象臆造的焦虑

当我们处于消极思维中时,我们把有些不好的可能性夸大,想象结果可能很糟糕。但这只是想象,而非事实。你需要判断这是想象还是现实。

例如:

2 起而行之,不要"坐而论道"。

当你认为现实中确实存在某种风险时,你需要制订具体的措施和行动来防范风险,而不要坐在那里空想。

我们先来看,缓解焦虑的两个临时办法 ^_^

1. 适当运动。身体的运动可以转移注意力,也可以通过运动舒展心情,改善睡眠;

好心情~　　　好睡眠~

2. 自我放松法。通过简单的身体动作能使你的肌肉和关节得到放松与伸展,有助于集中意念,达到内在的宁静。焦虑症的三节放松操:

 用鼻深深地吸一口气,然后用口慢慢地吐气。反复两三次后,你会感到格外舒畅。

吸气　　　　吐气　　　　再吸气　　　　再吐气

 把双手平放在沙发扶手上,掌心向上。先握拳,越握越紧,你会发现肌肉紧张坚硬,产生紧张的感觉。然后慢慢放松,这时双手有微微发热、发酸之感,接着变得酸软、沉重又很舒服。连做两三次,能使全身得到放松。

双手平放在沙发扶手上　　使劲握拳!　　再放松~

 抬起双臂,向后弯曲。随后手掌使劲向肩部摸去,前臂和上臂的肌肉越来越紧张。然后完全放松,你会感到两臂的肌肉变得酸软无力,松弛舒服。接着来几次,全身颇感轻松。

 向后弯曲　 再伸展开　

接下来一起看看焦虑的解决办法吧 ^_^

焦虑的解决办法常常有**七**种：

一是积极积蓄实力，努力改变处境，消灭具体的焦虑目标。

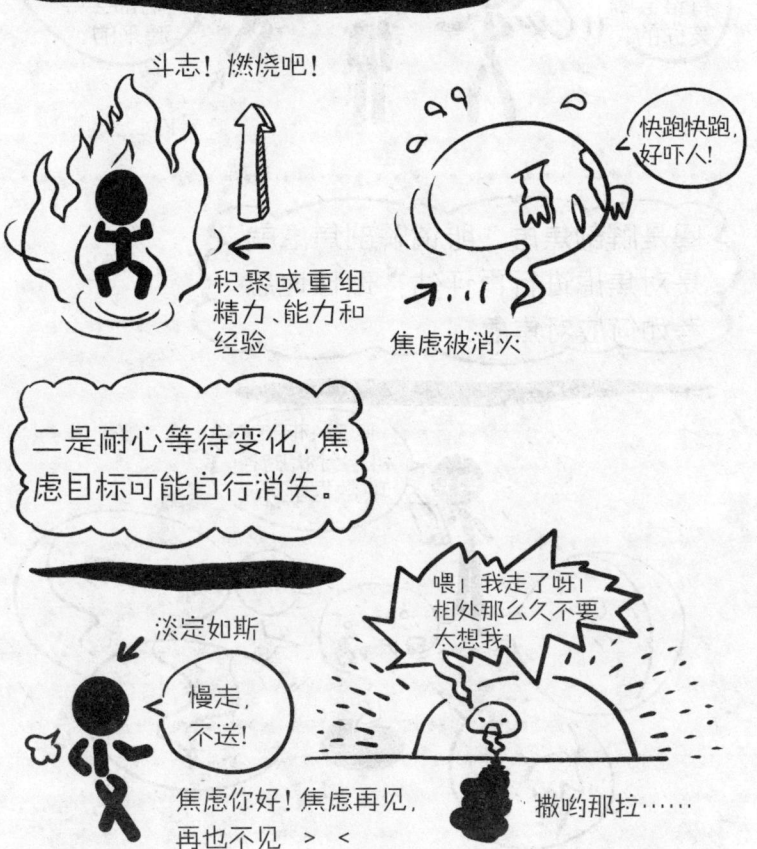

斗志！燃烧吧！

积聚或重组精力、能力和经验

焦虑被消灭

快跑快跑，好吓人！

二是耐心等待变化，焦虑目标可能自行消失。

淡定如斯

慢走，不送！

焦虑你好！焦虑再见，再也不见 ＞＜

喂！我走了呀！相处那么久不要太想我！

撒哟那拉……

三是积极的自我对话；变担心害怕的心态为勇敢面对的心态。

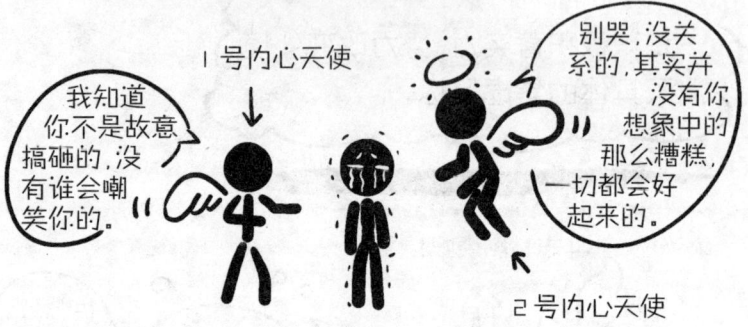

四是解剖焦虑，所谓解剖焦虑就是对焦虑进行再评估，理性地思考如何应对焦虑。

五是寻求焦虑对象的替代目标,让新的目标取代原来的目标。

此处不留爷,自有留爷处。哼哼……走着瞧!

六是降低原来目标的标准,使之适合自己实力与外部环境的平衡点。

七是放弃，不再理会或顾及原来的焦虑目标。

原来的焦虑目标

诶？怎么突然想开了？

呼……算了，我才不要再执着于以前的焦虑了。

果断转身

至此，解决焦虑的七种常用办法就介绍完毕了，那么我们来用简单的词汇总结一下吧。

简单说就是：努力改变；等待变化；积极对话；解剖焦虑；目标替代；降低期待；学会放弃。

有具体对象的焦虑,我们可以先把它们分门别类地区分开,以便对症下药。

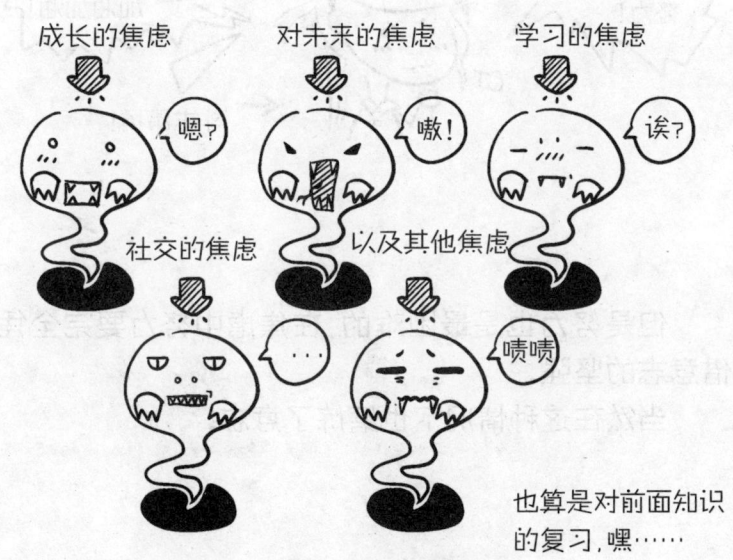

大多数具体因素引起的焦虑都是可以通过努力加以改变的,所以努力是消除焦虑的首选。

但是努力也是最困难的,在焦虑中努力要完全凭借意志的坚强。

当然在这种情况下也磨炼了意志。

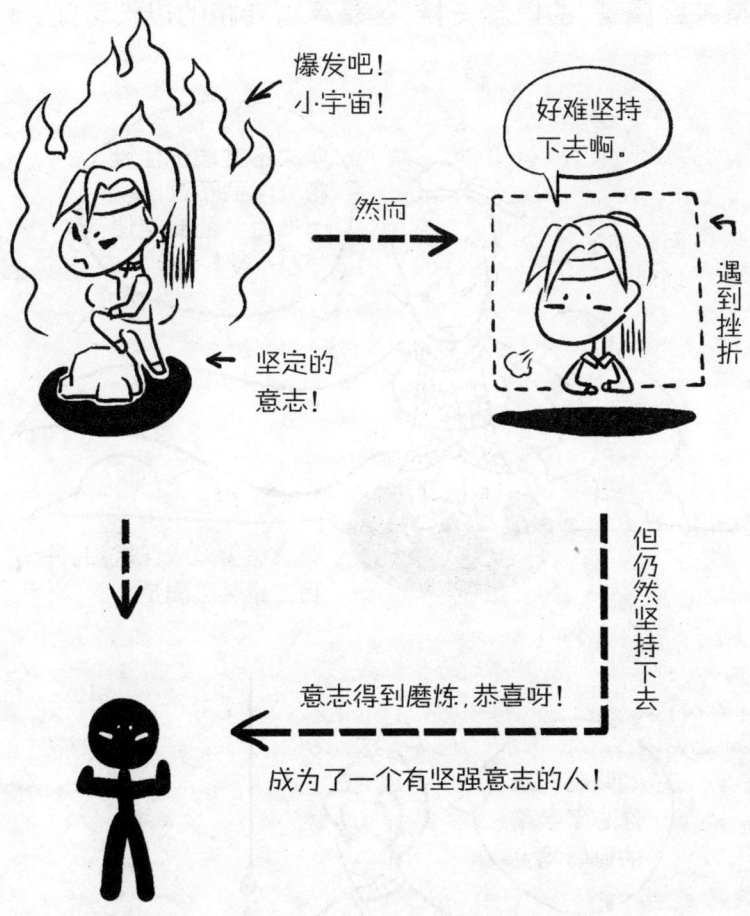

努力的过程中也可能会遇到挫折或困境,但如果仍然坚持下去的话,意志力就会得到磨炼,久而久之,你就会成为一位意志力坚强的人!

这是绝地反击,这也是破釜沉舟,这是期冀"百二秦关终属楚"的信念支持,这是赢得转机的最大可能。

重要的是，要明白自己除了努力之外别无他法，事情做不下去也要做。从焦虑的等待中奋起，用"积极做"的努力来转移、替代焦虑，在做的过程中让焦虑减轻，通过在焦虑中"做"逐步提高自己的心理承受力。

很多时候我们都会遇到许多不想做但又必须面对的事情。

就算平时很优秀，能够很好地完成这些事的同学，他们也是充满了焦虑、担忧的。

那些能够优秀地完成任务的同学，他们总是一开始就有一个良好的心理情绪的。

虽然每次都很焦虑，但是，一想到这是必须去做的事情，就会在心里告诉自己既然不能逃避，那么就好好地完成它。

喵喵~~喵~~

小猫是想说："没错没错！"

开始心无旁骛地认真复习考试的内容。

嗯,所以,这里代入这个方程式的话……

由于专心准备，焦虑由100%下降到60%了。^_^

天街小雨润如酥，草色遥看近却无。最是一年春好处，绝胜烟柳满皇都。

← 认真地准备诗朗诵的比赛

由于担忧情绪的下降，焦虑指数由60%降至20%，恭喜恭喜啊！

积极地和大家一起讨论商量班会的主题。

于是,最后一项任务也完成了~焦虑指数由20%降至0。实在是可喜可贺可喜可贺~!

所以说,面对这些不得不做的事情时,只要我们用积极的心态去应对,所有人都可以做得很好。以前遇到类似情况没有处理好的同学,你们不是差在能力上,而只是因为没有很好地去面对,只要不一味地逃避,一点一点地去做,问题总会慢慢解决的。啊,对了,如果是像上面那样同一时间遇到几个棘手的问题,那么建议大家按事情的轻重缓急来处理。

等待变化

等待是痛苦的,但是事物进程有自己的规律,我们急也急不来,对自己无法掌控的事情,除了祈祷上苍的仁慈,我们只有等待事情的自然变化。

祈祷上苍这种类似的行为很多时候只是让我们有了心理的寄托,它可以起到类似舒缓情绪的作用,但对于实际问题的解决并没有直接的影响。

现实的焦虑可以随现实问题的解决或消失而消失,担心长不高,后来长高了,担心长胖,没有胖,担心考不好,考完了,焦虑就消失了。

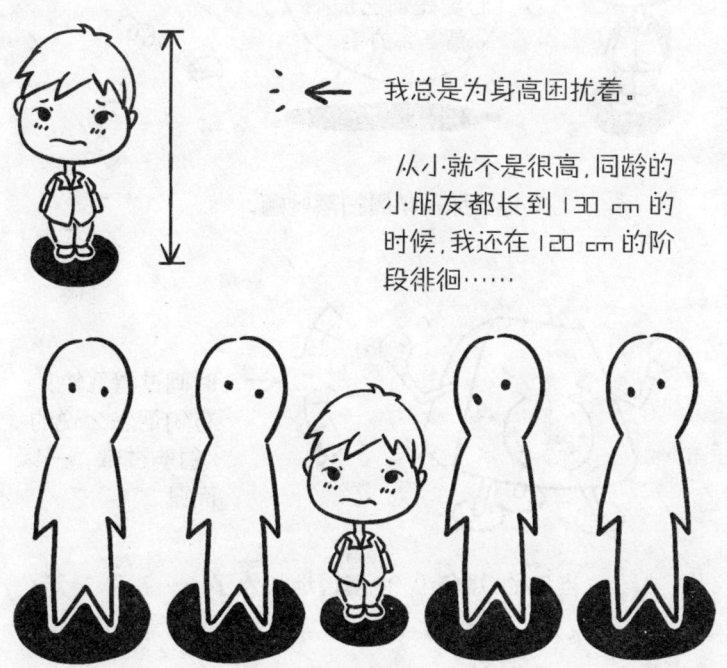

我总是为身高困扰着。

从小就不是很高,同龄的小朋友都长到130 cm的时候,我还在120 cm的阶段徘徊……

因为身高的缘故,我不愿意和朋友一起玩,我总是觉得自己太矮,和大家站在一起会显得格格不入。

还被迫和冬瓜沾亲带故,被称为"矮冬瓜"什么的,好讨厌!

心里那是秋风扫落叶啊。

当年的"矮冬瓜"也慢慢地长大了……

积极的自我对话

积极的自我对话就是积极思考。不少焦虑的产生是由于我们的消极自我对话,即消极的思维引起的。

一花一世界,一佛一如来。

人生在世,
如身处荆棘之中!
心不动,
人不妄动,
不动则不伤。
如心动,
则人妄动,
伤其身,
痛其骨,
于是体会到世间诸般痛苦。

这些话读起来会使人觉得很深奥,其实也是告诉大家思考问题的方式不同,往往就会得到不一样的结果。

我们不经意之间的消极自我对话,很容易引起焦虑情绪。

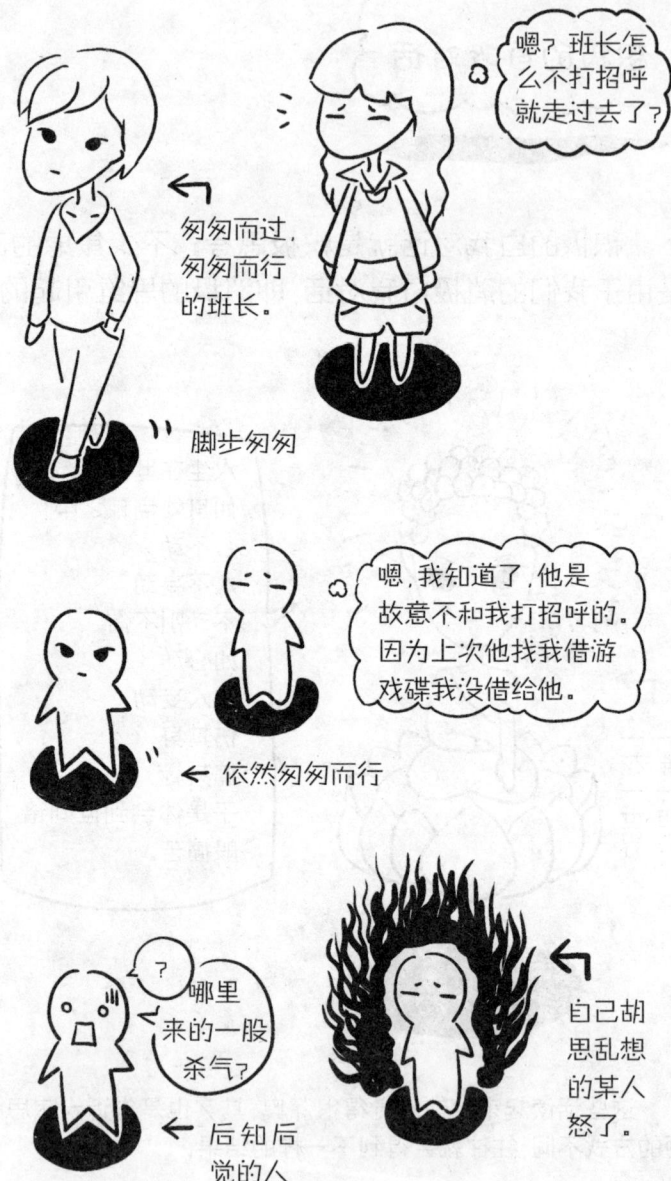

如果我们看问题积极的一面,我们的焦虑程度就会降低。积极的自我对话还可以提高自信心,帮助我们找到解决问题的积极思路。

如果我们遇到问题时采用积极的自我对话,那么情况可能是这样:

结果证明此班长的确不是故意无视同学的,而且对于被拒绝这种事一点都不介意,很好很强大。

大卫·伯恩斯说:你改变了你的思维方式,你就可以改变你的感受。

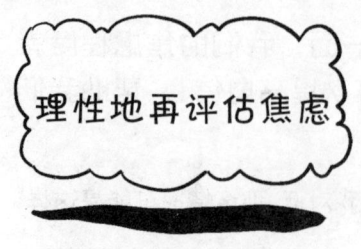

理性地再评估焦虑

干脆把焦虑摆开来解剖。^_^

理性地再评估焦虑包括面对焦虑,确认焦虑后果,思考应对措施,认识到焦虑于事无补,寻找替代物。

再一起来重复一下顺序。

顺序是很重要的喔!

只有摆正心态来面对焦虑时,我们才能理智地认识焦虑的原因和结果,评估焦虑带来的得失,然后才能有针对性地思考应对措施。

有一些焦虑是我们自己无法左右和改变的（比如身高，体重）。

担心长不高，就是没有长高；

担心长胖，就是长胖了；

担心考不好，就是没有考好。

那么现实结果出来了，靠自己努力无法改变了，我们就接受了，焦虑也就没有了。

又比如外部环境给我们造成的压力和困境,是我们无法改变的,我们就需要重新评估焦虑带来的得失及其补救措施。

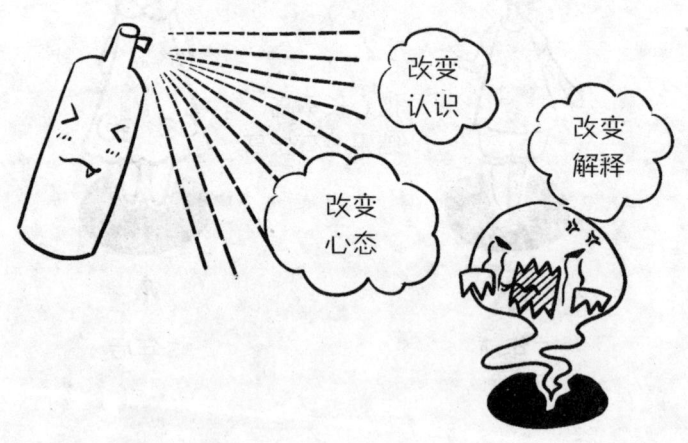

但是我们也可能长期拒绝接受结果,那么焦虑就持续了。那就需要我们改变相关的认识、解释和心态来消除。

理性地再评估焦虑,我们要做到A、B、C、D四点。

A. 面对焦虑

其实的确很焦虑,但是不愿意面对自己的焦虑情绪。

一些青少年羞于承认自己的焦虑,倾向于忽视焦虑。这样就无法理性地对待焦虑。承认自己有焦虑的人比认为焦虑是弱者的人更坚强。

导致的结果是依然焦虑,焦虑并没有消失。

13. 确认焦虑

确认焦虑包括理性地思考，判断我们担心的事情是否会出现，学会正确看待结果，要认识到接受结果本身没有我们想象或担心的那么可怕。

比如，第一次坐飞机的同学，多多少少可能会有些紧张。

临到要登机时：

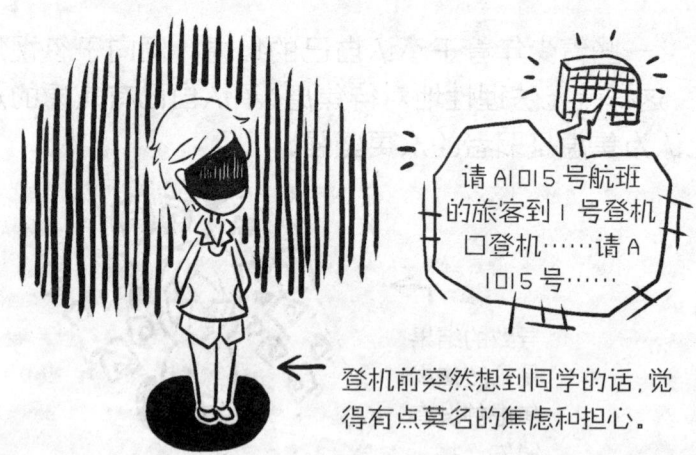

这个时候，如果我们理智地思考、分析，

这个结果还蛮出乎意料之外呀。

松了一口气……

经过理智的分析判断，焦虑得到减轻，同时变得更加容易克服。

　　这样做可以在一定程度上消除焦虑，即使不能消除焦虑，也可以让我们在潜意识中有与焦虑对抗的念头。认识到了，不等于你能控制自己不去焦虑。焦虑的消失必须等问题情景的改变或前景明朗。但是"说破胜于忍过"。

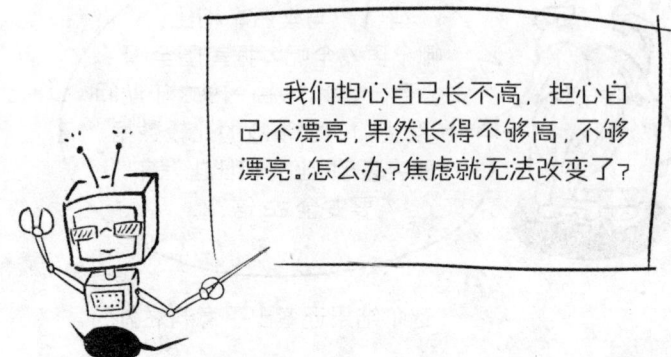

我们担心自己长不高,担心自己不漂亮,果然长得不够高,不够漂亮。怎么办?焦虑就无法改变了?

其实,我们担心自己不够高,不够漂亮,是怕这些因素影响我们的人际影响力和社会活动力。这才是你焦虑背后真实的原因。

担心身材不好
担心别人不喜欢
担心胖

但纵观历史,身高和容貌都限制不了一个人的人际影响力和社会活动力的发展。

拿破仑和中外历史上很多伟人身材都不够高,但是凭借自己的毅力和能力,仍然取得傲人的成就。

"你不能改变容貌……"

世上只有两种力量:利剑和思想。从长而论,利剑总是败在思想之下。

气质、内涵和笑容是比容貌更动人的法宝。

"你不能改变容貌,但是你可以保持微笑。"

"你不能左右天气,但你可以改变心情。"

C. 思考应对措施

思考应对措施，是促使我们去思考如果问题出现时我们的应对办法，而不是一味担忧、紧张。

这就好比打扫房间一样，
如果只是一味的担忧辛苦，抱怨太累而不去打扫，杂乱的房间依然杂乱。但如果我们强迫自己思考打扫的顺序，思考应对措施，打扫起来也会发现没有预想的那样麻烦。

D. 认识到焦虑于事无补

必须清醒地认识到我们的担心于事无补。其实,我们自己也明白有些焦虑的结果是不会出现的,我们也知道最好的办法就是不去想它,但是我们就是克制不住地要去想它。那么,我们可以进行这方面的练习来缓解无谓的焦虑。

比如:在出发去旅游之前,把小猫托给好朋友照顾。

可是,即使是在景点游玩,也会偶尔担心挂念。

遇到这种担心也于事无补的情况,我们最好的办法就是不去想它。

焦虑不是说你不想就能够不想的,它必须要等到焦虑对象消失后才会消失。唯一能够安慰你的是,你的焦虑是时代焦虑,这个时代的人都处在焦虑中,只是各人的焦虑不同而已。

世界上的事情就是理易明,情难禁,事难做。

在评估后你还是会焦虑,还是要去担心各种事,但是,你可以逐步做到控制自己对情绪的放任,逐步减轻焦虑的程度和持续的时间。

控制情绪的能力是需要逐步学习的:

比如:下棋就是一项很好地锻炼控制情绪的方法。

中国人从祖先那里继承了很多修身养性的方法,可以对一个人的性情起到良好的塑造作用,也有利于我们对自己情绪的控制。

寻找替代目标

如果某些焦虑的问题对我们是重要的,但又不是唯一的目标,我们可以用替换的方式来解决。尤其是当焦虑的具体问题是我们无法改变的外部因素时,比如财务危机、失业等。

例如:参加某个知名大公司的面试:

参加面试穿得很正式,也自信满满。

最后,我想说如果贵公司能够聘用我,将是对我莫大的肯定,也是贵公司正确的选择。

面试完毕,等待结果。

○ 好紧张!

↑ 面试官甲   ↑ 面试官乙   ↑ 面试官丙   ↑ 面试官丁

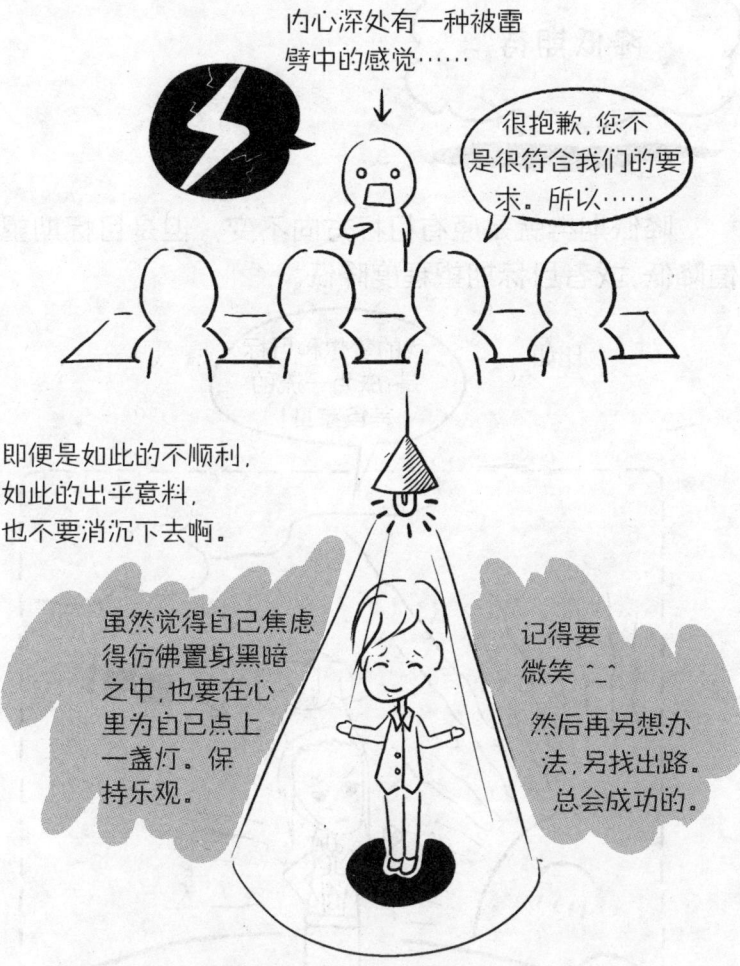

寻找替代目标也许是一种审时度势的机会主义，也许是一种脱胎换骨的转变，至少可以使你重新掌握主动权，从而更加自信。

有时候，尝试放弃原定目标和另择他路也不失为一种解决问题的有效方法。

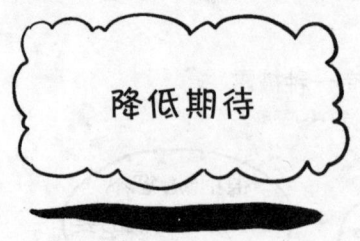

降低期待就是原有目标方向不变,但是目标期望值降低,或者目标期望程度降低。

比如:

而现实世界中是这样的:

做好当下正在做的事情,在做事中等待转机,这也可适当降低焦虑。

放弃

学会放弃,就是不抵抗,彻底改变自己的方向,承认自己的努力付之东流,放弃了可能有些心痛,但是没有焦虑了。

嗨!我来自地球,你们好呀,从这里看地球真的好漂亮!

曾经的梦想是:到太空旅行,从其他星球看地球以及和外星人打招呼,并告诉他们地球人很善良。

至今对于这个曾经的梦想,内心也充满了怀念。

我没有开玩笑,太空旅行真的是我曾经的理想,可是慢慢长大了,也知道不可能,就放弃了。

有时候,有些事情即使是努力了也不可能达到目标,这个时候,放弃其实是一个明智的选择。

所以理易明应当明,情难禁学会禁,事难做必须做。
具体的焦虑我们可以通过努力来消除或消灭,也可能由于担心和焦虑的对象自行消失而消除。有时,焦虑源是我们无法改变也不会自行消失的,我们就可以有两种处理办法,一种是部分改善,一种是放弃自己的愿望和目标。

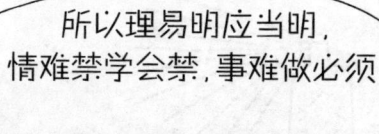

至此,消除具体焦虑的办法就和大家分享到这里,接下来一起来看看消除泛化焦虑的办法有哪些吧。^_^

泛化焦虑的解决办法根据泛化焦虑类型的不同,分为 A、B、C 三种解决办法。

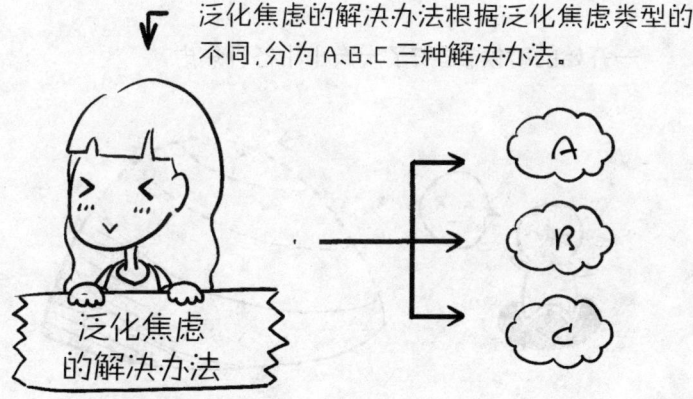

第一种是在堆积了大大小小·各种焦虑后,当我们积极努力,一步一步解决了其中一部分焦虑,替换或放弃了其中一部分焦虑的目标后,其他的焦虑也开始随之消失;

一开始的时候,堆积了大大小小·各种焦虑。

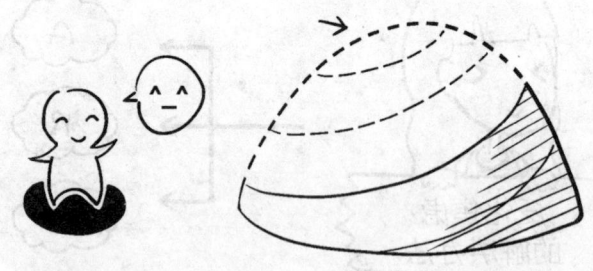

通过努力解决了其中的一部分焦虑。

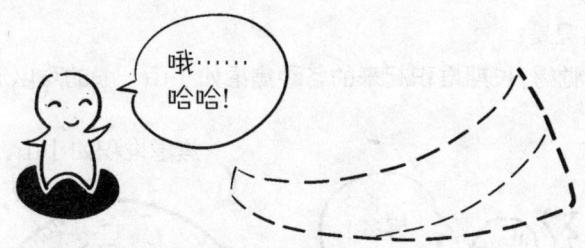

剩下的焦虑也慢慢随之消失了。

第二种是由于在长期焦虑的折磨下，我们自己的心理成长起来了或者我们已习惯疲倦、麻木，或者以烂为烂，不当回事，这种泛化的焦虑就减弱了；

多到一定程度反而无所谓了，这大概就是物极必反吧……

或者情况是:
一开始觉得,长期堆积起来的各种焦虑如小山一般的难以消灭。

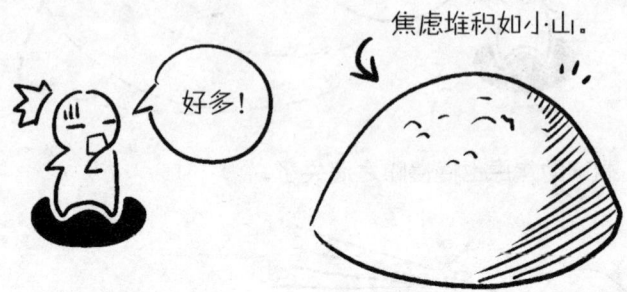

后来,自己的心理慢慢成长了,强大了。

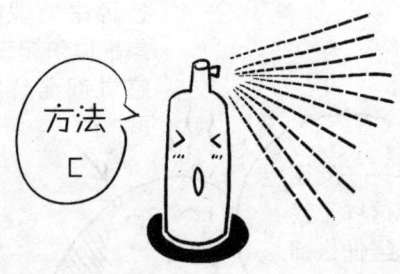

第三种情况是焦虑持续不断地困扰着我们,我们自己无法解决,那就只有去看心理医生了。

这种情况下,我们可以通过寻求心理医生的帮助来解决问题。

另外,也可以和亲近的人交换信息。

当对某些事的担心让你焦虑不安无法排解时,可以和你的好朋友或亲近的人交换你担心的信息,请他人帮你分析问题,出出主意。

逃避是消除焦虑的一种方式，但它只是暂时地消除焦虑而已，引起焦虑的问题本身并没有得到解决。

逃避是焦虑的标志。当逃避某些苦难和压力时，焦虑会得到一定程度的降低，所以一些人习惯于用逃避和拖延的方式来对待焦虑。

这是前面出现过的焦虑大魔王

我看不见我看不见我看不见我什么都看不见！！

逃避眼前的压力

我们常常会因为过于焦虑，进而选择消极地逃避来消除焦虑。

时常以为逃避问题,焦虑就会随之消失。

但是只有在极少数的情况下困难会因为时间拖延而自行出现转机。

与此相反,我们对困难情景的逃避越多,我们的焦虑就越重。只有勇敢地面对焦虑,积极应对才能消除焦虑。

结果,不管如何逃避现实,焦虑还是存在的。
可见,我们在之前强调的解决焦虑需要"起而行",并且要用积极的心理和姿态应对焦虑是非常重要的。

上路吧!

处理焦虑的最好办法,就是想办法一点点解决堆积如山的问题,放弃一些目标。要相信,问题在路上,办法也在路上,所以,你就上路吧。

我们下本书再见! ^_^

 请重新评估你所焦虑的事对你的重要性,想想你还可以用哪些资源和办法来处理你的焦虑。

焦虑自我评估量表(SAS)

下列一共 20 道题,答案没有对错之分。请仔细阅读下列问题后,根据你最近一周的实际感觉,在问题空格处填入合适的数字。

1= 偶尔　2= 有时　3= 多数时候　4= 绝大多数时候

1. 我觉得比平常容易紧张或着急。
2. 我无缘无故地感到害怕。
3. 我容易心里烦乱或感到恐慌。
4. 我觉得我可能将要发疯。
5. 我觉得一切都很好,没有什么坏事会发生。
6. 我的手臂和脚发抖打颤。
7. 头痛、颈痛和背痛相当困扰我。
8. 我感到虚弱并很容易疲乏。
9. 我感到心平气和,并且能安静坐着。
10. 我可以感觉到我的心跳很快。
11. 我经常头晕。
12. 我有时会发生晕眩,或觉得要晕倒似的。
13. 我的呼吸很顺畅。
14. 我的手指和脚趾感觉麻木和刺痛。
15. 我因为胃痛和消化不良而苦恼。
16. 我常常感觉尿频。
17. 我的手脚常常是干燥而温暖的。
18. 我很容易脸红。
19. 我容易入睡并且睡得很香甜。
20. 我晚上会做噩梦。

本问卷用来评估焦虑的程度。其中5道题着重情绪上的症状，另外15道题着重身体上的症状。

计分方式：将所有得分加起来就是初步的总分，分数从20 - 80分。再将这个初步的总分除以80，得到的数字从0.25到1分。分值越高表示焦虑的程度越高。

（据《心理卫生评定量表手册》略做改动）

参考文献

艾里斯, 2007. 别跟情绪过不去[M]. 广梅芳, 译. 成都: 四川大学出版社.
巴史克, 2005. 心理治疗入门[M]. 易之新, 译. 成都: 四川大学出版社.
伯恩斯, 2009. 焦虑情绪调节手册[M]. 李迎潮, 李孟潮, 徐维东, 译. 上海: 学林出版社.
布兰岱尔, 2006. 儿童故事治疗[M]. 林瑞堂, 译. 成都: 四川大学出版社.
达非, 阿特沃特, 2006. 心理学改变生活[M]. 张莹, 丁云峰, 杨洋, 译. 北京: 世界图书出版公司.
格里格, 津巴多, 2005. 心理学与生活[M]. 王垒, 王更生, 译. 北京: 人民邮电出版社.
肯纳利, 2000. 战胜焦虑[M]. 施承孙, 宫宇轩, 译. 北京: 中国轻工业出版社.
莱瑟克曼, 2008. 克服逆境的孩子[M]. 黄汉耀, 译. 成都: 四川大学出版社.
迈尔斯, 2006. 心理学[M]. 7版. 黄希廷, 等译. 北京: 人民邮电出版社.
派瑞, 2007. 伴青少年度过挣扎期[M]. 柳惠容, 译. 成都: 四川大学出版社.
威尔逊, 2008. 远离焦虑[M]. 陈晓莉, 译. 重庆: 重庆大学出版社.
张春兴, 1996. 现代心理学——现代人研究自身问题的科学[M]. 上海: 上海人民出版社.
《中国心理卫生杂志》编辑部, 1993. 心理卫生评定量表手册. 中国心理卫生杂志增刊.
Spradlin, 2007. 别让情绪控制你的生活[M]. 瘵素玲, 钟志芳, 译. 新北: 心理出版社.